# 雷叔玩儿乐高之2 奇妙篇

主编 王存雷

北京航空航天大学出版社
BEIHANG UNIVERSITY PRESS

## 内 容 简 介

　　本丛书借助乐高积木的搭建，激发少年儿童的好奇心和探索欲望，提高其动手动脑能力。针对少年儿童不同成长阶段的特点，本丛书分为四个分册，分别是认知篇（针对 3~4 岁）、奇妙篇（针对 5~6 岁）、探索篇（针对 7~8 岁）、科技篇（针对 9 岁以上）。每篇都以故事、生活场景、视频、图画、表演等形式创设情境，提出学习目标，借助积木，运用知识原理，采用不同搭建形式，实现自主探究学习，达成学习目标，实现最终教学成果，并通过课后习题检验知识掌握程度，分享学习过程中的乐趣，体现了跨学科、趣味性、体验性、情境性、协作性、设计性、艺术性、实证性和技术增强性等特点。让高深的知识简单化，让复杂的原理趣味化。

## 图书在版编目（CIP）数据

　　雷叔玩儿乐高之 2.奇妙篇 / 王存雷主编 . -- 北京：北京航空航天大学出版社，2020.6

　　ISBN 978-7-5124-3218-5

　　Ⅰ.①雷… Ⅱ.①王… Ⅲ.①智力游戏—儿童读物

Ⅳ.① G898.2

　　中国版本图书馆 CIP 数据核字（2020）第 004150 号

雷叔玩儿乐高之 2 　奇妙篇

主编　王存雷

责任编辑　蔡　喆

*

北京航空航天大学出版社出版发行

北京市海淀区学院路 37 号（邮编 100191）http：//www.buaapress.com.cn

发行部电话：（010）82317024　　传真：（010）82328026

读者信箱：goodtextbook@126.com　　邮购电话：（010）82316936

艺堂印刷（天津）有限公司印装　各地书店经销

*

开本：710×1000　1/16　印张：5.75　字数：82 千字

2020 年 7 月第 1 版　2020 年 7 月第 1 次印刷

ISBN 978-7-5124-3218-5　定价：35.00 元

# 前　言

　　本书适合 5～6 岁的儿童学习。儿童 5 岁时脑重约为成人的 75%，6 岁时约为成人的 90%。脑的结构已比较成熟，动作的灵活性增强，能较熟练地做大肌肉运动。他们有了一定的稳定性和自觉性，注意力集中时间能延长到 15 分钟左右，有了初步的任务意识；观察的目的性有所提高，能主动观察周围感兴趣的事物，并能掌握一些观察方法；记忆的有意性有了明显的发展，能主动记忆所学的内容或成人布置的任务；抽象逻辑思维开始萌芽，能根据事物的属性进行初步的概括、分类，简单分析理解事物间的相对关系；求知欲和探索欲强，能条理清楚地独立讲述所看到和听到的事情和故事，词语使用能力加强，发音清楚，语言连贯性也增强。通过搭建过程中常见的工具及电器模型，引导孩子关注生活中常见的科学知识，引导孩子开展简单原理应用，通过动手强化生活中知识经验的积累，通过初步尝试归类、排序、判断、推理逐步发展逻辑思维能力，为其他领域的深入学习奠定基础。

　　本书主要应用的教具 9656 系列（简单机械组合）包含了梁、连杆、齿轮、涡轮箱、滑轮、轴以及皮带、卡片眼镜、船帆、扇叶等特殊零件，是学龄前最为经典的机械入门器材。通过这套器材的学习，可以了解到基本的机械原理，如杠杆、皮带传动、齿轮传动、惰轮等，可以搭建出很多能运动的机械组合，非常锻炼孩子的空间想象力、逻辑思维能力以及动手能力。

# 目 录

# 案 例 1

# 帆 船

帆船是主要利用风力前进的船，是一种古老的水上交通工具，已有5000多年的历史。其按船桅数可分为单桅帆船（带一个帆）、双桅帆船（带两个帆）

和多桅帆船（带多个帆）；按船型划分有平底和尖底帆船；按艏型分为宽头、窄头和尖头帆船。

## ⭐ 知识要点

（1）帆船

帆船的组成包括：船体、帆（主帆、前帆、球帆）、桅杆、横杆、稳向板、舵等。

（2）浮力

① 浮力：浸在液体(或气体)里的物体受到液体(或气体)向上托的力。

② 浮力的方向：与重力方向相反，竖直向上。

③ 浮力产生的原因：浸在液体或气体里的物体受到液体或气体对物体向上的和向下的压力差所产生的力。

💡 **想一想**

① 帆船在行驶时，由什么提供的动力？
② 帆船停泊在岸边时，为什么不会被风吹走？

**搭建帆船**

搭建帆船步骤。

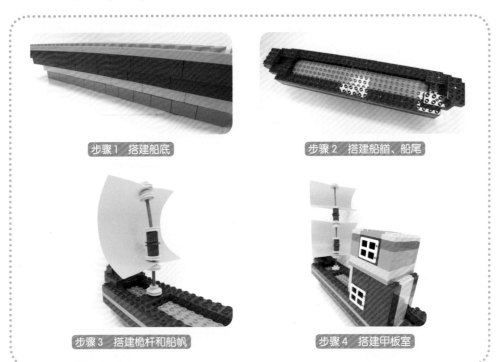

步骤1 搭建船底

步骤2 搭建船舱、船尾

步骤3 搭建桅杆和船帆

步骤4 搭建甲板室

📢 **说一说**

尝试说出搭建的帆船是由哪几部分组成的？人在帆船上都可以做些什么？为什么帆船可以漂浮在海面上？

# 案 例 2

# 愤怒的小鸟

《愤怒的小鸟》是一款休闲益智类游戏，以小鸟报复偷走鸟蛋的肥猪为背景，讲述了小鸟与肥猪的一系列故事。

为了报复偷走鸟蛋的肥猪们，鸟儿以自己的身体为武器，仿佛炮弹一样去攻击肥猪们的堡垒。游戏的玩法很简单，将弹弓上的小鸟弹出去，将肥猪全部砸到就能过关。

## ★ 知识要点

（1）皮　筋
① 伸长率大、回弹性好；
② 皮筋抻的越长，弹力越大。

（2）弹　力
① 物体受外力（外界的力）作用发生形变，撤去外力后使物体能恢复原来形状的力，叫作弹力。
② 弹力的方向跟使物体产生形变的外力的方向相反。

💡 想一想

① 如何制作出一个"愤怒的小鸟"？（可以用轻黏土捏出一只小鸟）

② 如何做到将小鸟射出？（搭建一个发射器。）

## 搭建"愤怒的小鸟"发射器

搭建"愤怒的小鸟"发射器的步骤。

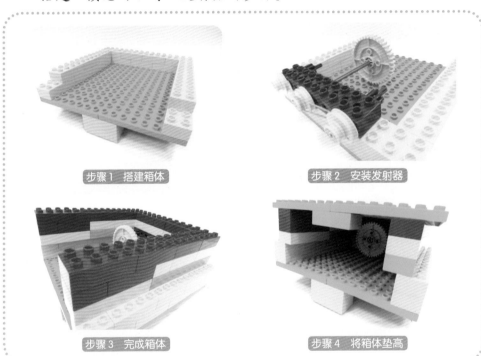

步骤 1  搭建箱体

步骤 2  安装发射器

步骤 3  完成箱体

步骤 4  将箱体垫高

 说一说

发射器是如何将"愤怒的小鸟"发射出去的？什么是弹力？如何判断弹力的方向？

## 案 例 3

# 秋　千

秋千是一种游戏用具，将长绳系在架子上，下挂踏板，人随踏板来回摆动。因其设备简单、容易操作，故而深受人们的喜爱。

### 知识要点

① 三角形具有稳定性。
② 运动中的秋千做旋转运动。

### 想一想

① 除了将支架搭建成三角形以外，还能搭建成其他结构的支架吗？
② 除了秋千以外，还有什么物体是做旋转运动的？

## 搭建秋千

搭建秋千的步骤。

步骤1 搭建支架

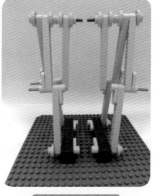

步骤2 搭建横梁

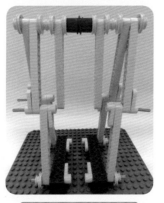

步骤3 连接支架与横梁

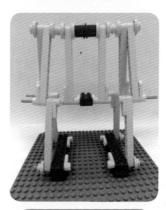

步骤4 安装座位和绳索

 说一说

秋千由哪些结构组成？为什么支架要搭建成三角形？

我们荡秋千时做的是什么运动？

## 案例 **4**

# 滑板车

滑板车是继滑板之后的又一新型运动产品，其时速可以达到 20 千米／时。它来源于日本，但却是一位德国工人发明的，它是一种简单的省力运动机械。如今滑板车已成为新一代青少年追逐的潮流运动产品。

★ 知识要点

（1）熟悉三角形的特点

① 三角形有三个边、三个角。

② 三角形任意两边之和大于第三边（任意两边之差小于第三边）。

③ 三角形内角和为 180°。

④ 三角形具有结构稳定性。

（2）简单了解摩擦力的概念

　　阻碍物体相对运动（一物体相对另一物体的位置随时间而改变，则此物体对另一物体发生了运动）或相对运动趋势的力叫做摩擦力。摩擦力的方向与物体相对运动或相对运动趋势的方向相反。

💡 想一想

　　① 能不能将滑板车的支架搭建成其他结构，并保证其稳定？
　　② 能不能减少滑板车的摩擦力？

🧱 搭建滑板车

　　搭建滑板车的过程。

步骤 1 搭建脚踏板

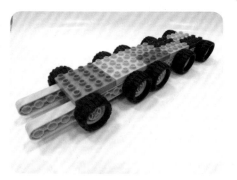

步骤 2 搭建轮子

步骤 3　搭建支架

步骤 4　搭建把手

说一说

　　滑板车的结构组成是什么？为什么要将支架搭建成三角形？什么是摩擦力？

案例 5

# 磁悬浮

磁悬浮列车是一种轨道交通工具，它通过电磁力实现列车与轨道之间的无接触的悬浮和导向，再利用直线电机产生的电磁

力牵引列车运行。我国第一辆磁悬浮列车（购自德国）2003 年 1 月开始在上海运行。

## ⭐ 知识要点

磁极：磁体上磁性最强的部分叫磁极。一个磁体无论多么小都有两个磁极，可以在水平面内自由转动的磁体，静止时总是一个磁极指向南方、另一个磁极指向北方。指向南方的磁极叫做南极（S 极），指向北方的磁极叫做北极（N 极）。同名磁极相互排斥、异名磁极相互吸引。

💡 想一想

① 为什么磁悬浮列车没有车轮?
② 为什么磁悬浮列车的车速非常快?

🧱 搭建磁悬浮列车

搭建磁悬浮列车的步骤。

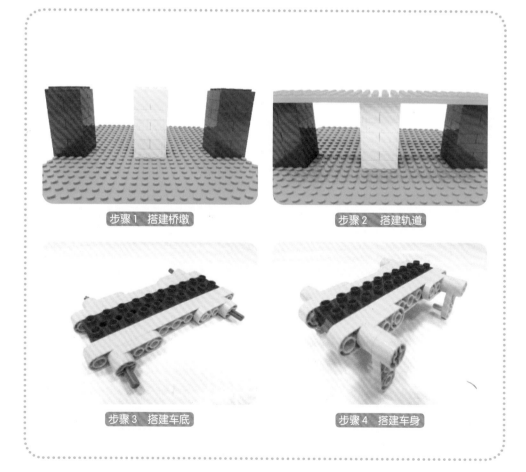

步骤 1　搭建桥墩

步骤 2　搭建轨道

步骤 3　搭建车底

步骤 4　搭建车身

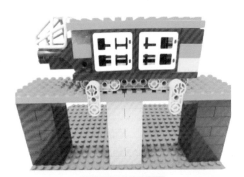

步骤 5 搭建车头

磁悬浮列车由哪些结构组成？什么是磁极？

# 案 例 6

# 高尔夫球

"高尔夫"是英文 GOLF 的音译，由四个英文词汇的首字母缩写构成。它们分别是：Green, Oxygen, Light, Friendship, 意思是"绿色，氧

气，阳光，友谊"，它是一种把享受大自然乐趣、体育锻炼和游戏集于一身的运动。高尔夫球运动是一种以棒击球入穴的球类运动。

## ☆ 知识要点

① 冠状齿轮可以改变齿轮传动的方向。

② 高尔夫球规则总则：

● 高尔夫球比赛是依照规则从发球区开始经一次击球或连续击球将球打入洞内；

● 对球施加影响除按时规则行动以外，球员或球童不得有影响球的位置或运动的任何行为；

● 球员不得商议排除任何规则的应用或免除已被判决的处罚。

💡 想一想

① 我们可以在哪里打高尔夫球？
② 打高尔夫球时需要准备什么？

### 搭建高尔夫球手

搭建高尔夫球手的步骤。

步骤 1　搭建小人腿部

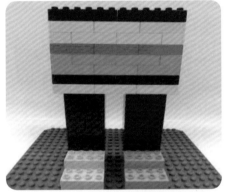

步骤 2　搭建小人身体

步骤 3　在小人胸部安装齿轮确保传动

步骤 4　搭建小人手部并安装齿轮

步骤 5　搭建小人头部

搭建中，冠齿的作用是什么？高尔夫球的比赛规则是什么？

## 案例 7

# 公转自转

为什么世界有白天和黑夜之分？我们是如何计算出一年有 365～366 天的时间？让我们一起探索这些问题的原因吧！

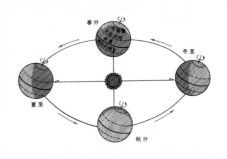

## 知识要点

**（1）地球自转**

自转是地球绕自转轴自西向东的转动。地球自转一周耗时一天，约每隔 10 年自转周期会增加或者减少千分之三至千分之四秒。

**（2）地球公转**

地球在自转（自己转）的同时还围绕太阳转动。地球环绕太阳的运动称为地球公转。太阳是中心天体。公转的方向也是自西向东的，公转一周的时间是一年。

## 想一想

① 地球在哪个星系？
② 地球所属的星系有哪几颗行星？分别叫什么？

### 搭建公转自转模型

搭建公转自转模型的步骤。

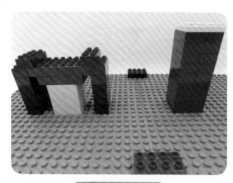

步骤 1　搭建基座

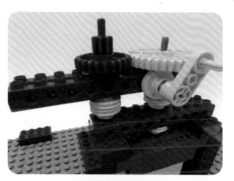

步骤 2　搭建太阳

步骤 3　搭建月亮

步骤 4　搭建地球

说一说

什么叫公转？什么叫自转？我们处在哪个星系？我们所处的星系有哪几颗行星？

## 案例 8

# 安检仪器

安检仪器是借助于输送带将被检查行李送入X射线检查通道而完成检查的电子设备。探

测器把X射线转变为信号，这些很弱的信号被放大，并送到信号处理机箱做进一步处理。

### 知识要点

惰轮：惰轮是两个不互相接触的传动齿轮中间起传递作用的齿轮。它的作用只是改变转向，并不能改变传动比。

### 想一想

① 过安检时不能携带那些东西？
② 搭建时多安装几个惰轮，齿轮传动的速度会发生变化吗？

搭建安检仪器

搭建安检仪器的步骤。

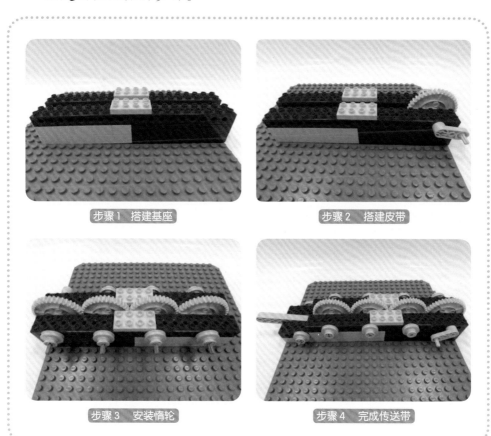

步骤 1　搭建基座　　步骤 2　搭建皮带

步骤 3　安装惰轮　　步骤 4　完成传送带

说一说

　　描述一下安检仪器的结构，惰轮的作用，以及在过安检时不能携带哪些东西。

案 例 ⑨

# 闸 机

闸机是一种通道阻挡装置（通道管理设备），用于管理人流并规范行人出入。其最核心的功能是实现一次只  通过一人，可用于各种收费、门禁场合的入口通道处。其主要应用为：地铁闸机系统、收费检票闸机系统等。

### 知识要点

① 棘轮机构：由棘轮和棘爪组成的一种单向间歇运动机构（只能向一个方向旋转，不能倒转）。
② 棘轮机构将连续转动或往复运动转换成单向步进运动。

### 想一想

① 闸机一次可以通过几个人？
② 棘轮机构的特点是什么？

搭建闸机

搭建闸机的步骤。

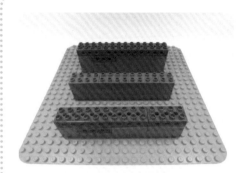

步骤 1　搭建通道

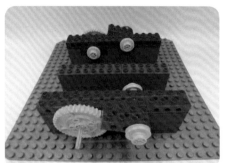

步骤 2　搭建箱体

步骤 3　搭建闸棍

说一说

闸机的结构是什么？什么是棘轮机构？棘轮机构的特点是什么？

案 例 ⑩

# 电 梯

电梯是一种由动力驱动，利用沿刚性导轨运行的箱体或者沿固定线路运行的梯级（踏步）进行升降或者平行运送人、货物的机电设备。

## 知识要点

定滑轮：使用滑轮时，轴的位置固定不动的滑轮，称为定滑轮（固定不动的滑轮）。

## 想一想

① 日常生活中常见的电梯有哪几种？

② 为什么坐电梯上楼时会感觉向下坠，而下楼时会觉得身体向上升呢？

搭建电梯

电梯的搭建步骤。

步骤1　搭建电梯间

步骤2　搭建井道

步骤3　搭建棘轮机构

步骤4　连接电梯间

说一说

电梯的结构是什么？什么是定滑轮？

案 例 11

# 航空母舰

航空母舰,简称"航母",被称为"海上霸主",是一种以舰载机(在航空母舰上起降的飞机)为作战武器的大型水面舰艇,可以供舰载机起飞和降落。航空母舰是世界上最庞大、最复杂、威力最强的武器之一,是一个国家综合国力的象征。

## ★ 知识要点

弹射器:弹射器是航空母舰上推动舰载机增大起飞速度、缩短滑跑距离的装置,全称舰载机起飞弹射器。

## 想一想

① 航空母舰的主要攻击方式是什么?
② 航空母舰在海军有着怎样的地位?

**搭建航空母舰**

搭建航空母舰的步骤。

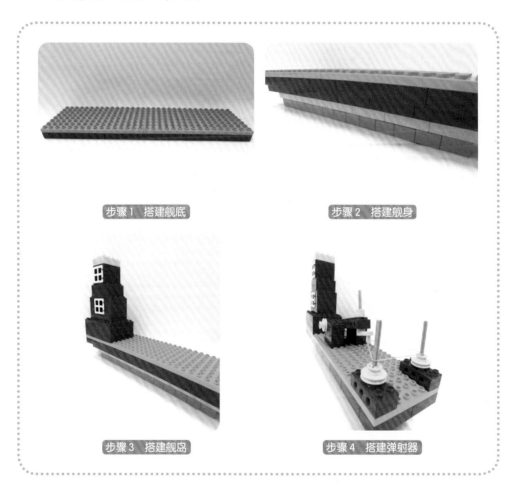

步骤 1　搭建舰底

步骤 2　搭建舰身

步骤 3　搭建舰岛

步骤 4　搭建弹射器

**说一说**

航空母舰的结构组成是什么？弹射器的作用是什么？

## 案例 12

# 钢 琴

钢琴是西洋古典音乐中的一种键盘乐器，有"乐器之王"的美称。它由88个琴键（52个白键、36个黑键）和金属弦音板组成。钢琴的音域范围从 $A_0$（27.5 $Hz$）至 $C_8$（4186 $Hz$），几乎囊括了乐音体系中的全部乐音，是除了管风琴以外音域最广的乐器，普遍用于独奏、重奏、伴奏等演出。

## ★ 知识要点

① 凸轮是机械的回转或滑动件（如轮或轮的突出部分）。
② 凸轮机构的主要作用是使从动杆按照工作要求完成各种复杂的运动，包括直线运动、摆动、等速运动和不等速运动。

## 想一想

① 钢琴都由哪几部分组成？
② 我国有哪些著名的钢琴演奏家？

 搭建钢琴

搭建钢琴的步骤。

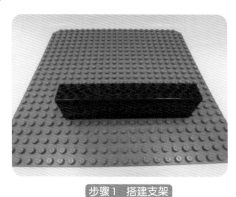

步骤 1　搭建支架

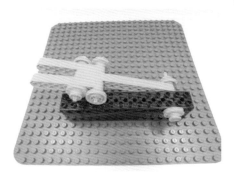

步骤 2　搭建黄梁

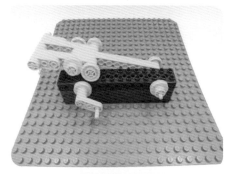

步骤 3　搭建凸轮

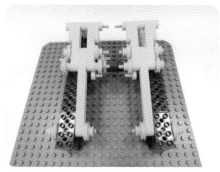

步骤 4　搭建黑白琴键

说一说

钢琴的结构是什么？什么是凸轮？

# 案例 13

# 城 门

城门指城楼下的通道，是"城"的标志，城门与城楼雄伟壮丽的外观显示着城池的威严和民族的风采。它是我国古代城市的一种防御建筑，城门、城楼之间城墙相连，既有军事防御作用，又有城市防洪功能，形成古城一道坚固的屏障。

## 知识要点

用小齿轮带动大齿轮，速度慢、省力。

## 想一想

① 如果敌人来袭，除了关闭城门，还有什么办法能够阻止敌人？（搭建护城河）
② 城门是缓慢关闭还是快速关闭？
③ 城门都有哪些种类？

### 搭建城门

搭建城门的步骤。

步骤1　搭建城门

步骤2　搭建城墙

步骤3　搭建吊桥城门

### 说一说

城门是由哪几部分组成的？使用什么方法可以使城门可以更省力地关闭和打开？

## 案例 14

# 手 枪

手枪是一种单手持握瞄准射击或本能射击的枪管武器，用于50米内近程自卫和突然袭击目标。手枪由于短小轻便、携带安全、能突然开火，一直被世界各国军队和警察，主要是指挥员、特种兵以及执法人员等广泛使用。

## ★ 知识要点

手枪由枪管、弹夹、子弹、枪上部壳、扳机、弹簧、机动钢铁、手柄、出弹口等构成。

## 想一想

① 手枪里的子弹是如何发射出去的？
② 有什么办法可以让子弹发射得很远？
③ 手枪的弹力体现在哪里？

搭建手枪

搭建手枪的方式。

步骤1 搭建枪管

步骤2 搭建把手

步骤3 搭建扳机

步骤4 搭建发射的子弹

说一说

手枪的结构组成是什么？手枪的用途和特点是什么？如何使用手枪？

案 例 15

# 冲锋陷阵

越野车是一种为越野而特别设计的汽车。其主要特点是四轮驱动、较高的底盘、较好抓地性的轮胎、较高的排气管、较大的马力和粗大结实的保险杠。由于越野车经常在恶劣条件下行驶，因此，绞盘是其必备的自救工具之一。

## ⭐ 知识要点

**（1）绞 盘**

绞盘是具有垂直安装的绞缆筒、在动力驱动下能卷绕但不储存绳索的机械，是车辆、船只的自我保护及牵引装置。

**（2）小齿轮、大齿轮**

小齿轮带动大齿轮省力、速度稳定。

💡 想一想

① 绞盘是如何进行工作的?
② 哪种搭建方法会让越野车更省力?
③ 绞盘还具有哪些特点?

搭建越野车

搭建越野车的步骤。

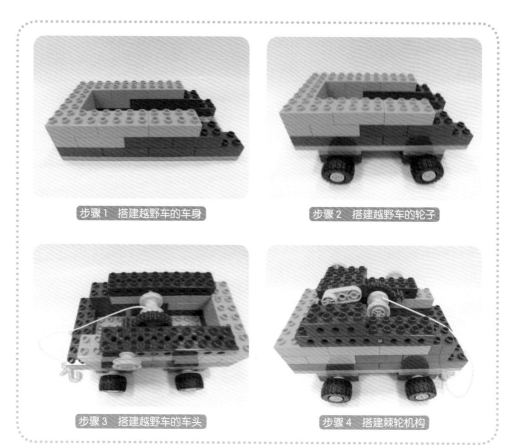

步骤 1　搭建越野车的车身

步骤 2　搭建越野车的轮子

步骤 3　搭建越野车的车头

步骤 4　搭建棘轮机构

步骤 5　把绞盘与车头连接在一起

越野车的结构组成是什么？棘轮机构在搭建中起到了哪些作用？绞盘的结构特点有哪些？

# 案例 16

# 摩天轮

摩天轮是一种大型转轮状的机械设施，供乘客乘搭的座舱挂在轮边缘。乘客坐在摩天轮慢慢地旋转，可以从高处俯瞰四周景色。

## 知识要点

### （1）摩天轮

摩天轮的工作原理是将电动机通过减速机减速，把高转速低扭矩的机械动力转换为低转速高扭矩的机械动力，再通过一般是轮胎等既有弹性又有一定强度的中间机构传到轮盘上，使其低速转动。

### （2）圆周运动

运动时其轨迹是圆周的运动叫"圆周运动"，它是一种最常见的曲线运动。

典型圆周运动：一个人造卫星跟随其轨迹转动、用绳子连接一块石头并转圈挥动、一个齿轮在机器中的转动（其表面和内部任一点）等。

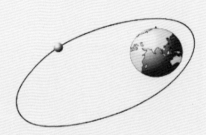

人造卫星随轨迹转动

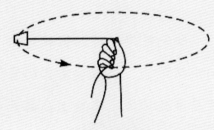

转圈挥动石头

### （3）蜗轮装置

蜗轮蜗杆机构常用来传递两交错轴之间的运动和动力。蜗轮与蜗杆在其中间平面内相当于齿轮与齿条。

蜗轮蜗杆机构

💡 想一想

① 在搭建摩天轮的支架时，哪种形状的支架才能更加稳定？
② 摩天轮工作时，摩天轮的座舱做哪种运动？
③ 为什么要采用蜗轮装置？

 搭建摩天轮

搭建摩天轮的步骤。

步骤 1　利用两点固定加长黄梁搭建支架

步骤 2　构建三角形,搭建支架组装支架

步骤 3　搭建两侧支架

步骤 4　搭建涡轮装置

步骤 5　搭建轮盘

步骤 6　安装轮盘、搭建座舱

说一说

摩天轮是由哪些部分组成的?可以在哪里见到摩天轮?摩天轮的工作原理是什么?

案 例 17

# 坦 克

坦克是现代陆上作战的主要武器，是一种拥有直射火力、越野能力和装甲防护力的履带式  装甲战斗车辆。其主要执行与对方坦克或其他装甲车辆的作战任务，也可以压制、消灭反坦克武器，摧毁工事，歼灭敌方陆上力量。

⭐ 知识要点

（1）坦 克

坦克由坦克武器系统、坦克推进系统、坦克防护系统、坦克通信设备、坦克电气设备及其它特种设备和装置组成。

（2）蜗轮装置

蜗轮装置的组成：涡轮箱、蜗杆、齿轮。

💡 想一想

① 坦克是如何运动作战的？
② 如何选择合适的积木搭建出炮台，并将炮筒连接至车身？
③ 如何让炮弹发射出去？

🧱 搭建坦克

搭建塔克的步骤。

步骤 1　搭建坦克车身

步骤 2　搭建驾驶舱

步骤 3　搭建轮子(履带式的轮子)

步骤 4　搭建炮台炮筒

📢 说一说

坦克的结构组成部分都有哪些？坦克是用来干什么的？它有哪些作用？

案例 18

# 航海准备

航海是人类在海上航行、跨越海洋、由一方陆地到另一方陆地的活动。

## ⭐ 知识要点

（1）航海准备

　　① 指南针、地图、望远镜；

　　② 个人装备。

（2）望远镜

　　望远镜是一种利用透镜或反射镜以及其他光学器件观测遥远物体的光学仪器。

　　望远镜的第一个作用是放大远处物体的张角，使人眼能看清角距更小的细节；望远镜的第二个作用是把物镜收集到的比瞳孔直径（最大 8 毫米）粗得多的光束送入人眼，使观测者能看到原来看不到的暗弱物体。

（3）指南针

指南针在我国古代叫做司南，是我国古代四大发明之一，其主要组成部分是一根装在轴上的磁针，磁针在天然地磁场的作用下可以自由转动并保持在磁子午线的切线方向上，磁针的北极指向北磁极，利用这一性能可以辨别方向。指南针常用于航海、大地测量、旅行及军事等方面。

💡 想一想

① 去航海时需要哪些重要的工具？
② 如何选择合适的积木制作出望远镜？
③ 指南针是如何指引方向的？

🧱 搭建望远镜及指南针

搭建指南针的步骤。

步骤1　搭建望远镜镜筒

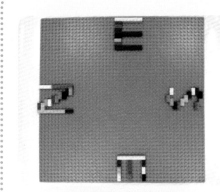
步骤 2　搭建指南针表盘

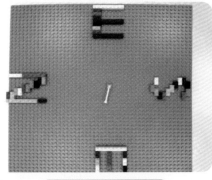
步骤 3　搭建指南针指针

说一说

　　简要叙述一下指南针和望远镜的结构组成。望远镜有哪些种类？除了指南针和望远镜，航海时还有哪些需要用到的工具？

# 潜　艇

潜艇或称潜水船、潜舰，是一种能够在水下运行的舰艇。潜艇的种类繁多、形制各异，小到全自动或一两人操作、作业时间数小时的小

型民用潜水探测器，大至可装数百人、连续潜航3～6个月的军用台风级核潜艇。

## ⭐ 知识要点

（1）潜　艇

潜艇主要组成部分有艇体、操纵系统、动力装置、武器系统、导航系统、探测系统、通信设备、水声对抗设备、救生设备和居住生活设施等。

（2）潜艇的作用

潜艇是一种能潜入水下活动和作战的舰艇，也称潜水艇，是海军的主要舰种之一。

💡 想一想

① 如何选择合适的积木搭建出潜艇的主要艇体部分？
② 潜艇是如何工作的？
③ 潜艇还有哪些功能特点？

### 搭建潜艇

搭建潜艇的步骤。

步骤1　搭建艇体部分

步骤2　搭建驾驶舱

步骤3　搭建生活舱和储水舱

步骤4　搭建螺旋桨

 说一说

潜艇的结构组成是什么？潜艇是靠着什么方法上浮下沉的？

案 例 20

# 海上救援

海上搜救是指国家或者部门针对海上事故等做出的搜寻、救援等工作，承担海上搜救任务的主要有直升机、快艇等。

⭐ 知识要点

（1）直升机

直升机主要由机体、起落架、主螺旋桨、尾翼螺旋桨等部分组成。

（2）快　艇

快艇是舰艇中的"短跑冠军"，有"海上轻骑兵"之称。

💡 想一想

① 直升机和快艇参与水上救援时的工作特点及优势是什么?
② 如何用乐高积木搭建出救援直升机?
③ 如何选择合适的乐高积木搭建出救援快艇?

## 搭建救援直升机和快艇

搭建救援直升机和快艇的步骤。

步骤1 搭建直升机机身

步骤2 搭建直升机驾驶舱

步骤3 搭建直升机的螺旋桨

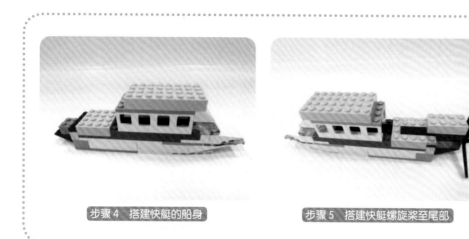

步骤 4　搭建快艇的船身　　　步骤 5　搭建快艇螺旋桨至尾部

　　救援直升机和快艇分别都有哪些结构组成部分？如果这些救援设备没有及时到达，人们应该如何自救？

案例 21

# 三栖飞机

三栖飞机是一款用途广泛的交通工具，可同时在水面、陆地、空中行驶。

## 知识要点

### （1）三栖飞机的结构组成

三栖飞机是由伸缩起落架、折翼、GPS 移动地图、模拟飞行仪表、对讲系统、甚高频通信电台、应答模式 C 组成的。

### （2）三栖飞机的性能特点

三栖飞机的性能特点为：高强度、轻质碳纤维机身、两栖设计 ( 飞行、地面和水面 )、高性能翼型和机翼、可靠的 100 马力发动机的地下物流系统组、利用汽车汽油和航空汽油运行。

## 想一想

① 水陆空的交通工具运行方式及特点分别是什么？

② 如何用乐高积木搭建出三栖飞机的主体呢？

③ 如何让三栖飞机向前行驶？

 搭建三栖飞机

搭建三栖飞机的步骤。

步骤 1　搭建三栖飞机的机身

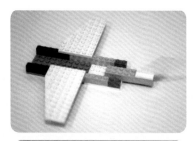

步骤 2　搭建三栖飞机的机翼尾翼

步骤 3　搭建三栖飞机的驾驶舱

步骤 4　搭建三栖飞机螺旋桨

步骤 5　搭建三栖飞机底部的轮子

说一说

　　简要叙述三栖飞机的结构组成部分和结构特点。三栖飞机除了可以在空中行驶之外，还可以在哪里行驶？三栖飞机的主要用途是什么？

案 例 22

# 灯 塔

灯塔是高塔形建筑物，塔顶装有灯光设备，位置显要，其特定的建筑造型易于船舶分辨，是港口最高点之  一。根据灯塔大小和所在地点的特点，灯塔可以有人看守，也可以无人看守，重要灯塔应该有人看守。

⭐ 知识要点

**（1）灯塔结构**

灯塔由灯具与塔身构成。塔身可由各种建筑材料构筑，要适应和抵抗风浪等恶劣的自然条件，以保持自身的稳定性和耐久性。

**（2）灯塔的作用**

灯塔建于航道关键部位，是一种固定的航标，其基本作用是引导船舶航行或指示危险区。

**（3）灯塔的工作方式**

灯塔的发光能源主要采用电力，发光器的发光体中心位于聚光透镜的焦点，光源的光通过聚光透镜成为有一定扩散角的平行光束。

想一想

① 如何选择合适的乐高积木搭建出灯塔的塔身部分？
② 如何选择合适的乐高积木搭建出顶部的灯泡透镜？

搭建灯塔

搭建灯塔的步骤。

步骤 1  搭建灯塔塔身

步骤 2  搭建灯具

步骤 3  搭建灯塔顶端的发光装置

说一说

灯塔都由哪几部分组成？灯塔的主要作用和工作方式是什么？灯塔一般都在什么地方？

案 例 23

# 火箭升空

火箭是利用火箭发动机喷射工作介质产生的反作用力向前推进的飞行器。它自身携带全部推进剂，不依赖外界工质产生推力，可以在稠密大气层内飞行，也可以在稠密大气层外飞行，是实现航天飞行的运载工具。火箭按用途分为探空火箭和运载火箭。

## 知识要点

**（1）火箭的箭体结构**

火箭箭体的基本组成部分为：火箭发动机、推进剂贮箱、增压系统、仪器舱结构、整流罩等。

**（2）火箭发射的原理及过程**

火箭是以热气流高速向后喷出，利用产生的反作用力向前运动的。其发射过程为：点火→抛弃逃逸塔→助推器分离→一级火箭分离→整流罩分离→二级火箭主发动机熄火→箭船分离→推进舱帆板展开→推进舱帆板对日定位→轨道舱帆板展开。

💡 想一想

① 火箭发射主要有哪几个步骤？
② 火箭的内部都有哪些结构部件？
③ 如何选择合适的乐高积木搭建出火箭的箭体？

 搭建火箭

火箭的搭建步骤。

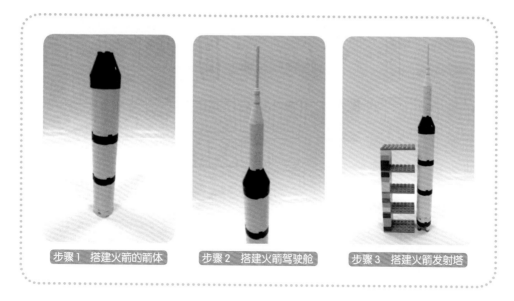

步骤 1　搭建火箭的箭体　　步骤 2　搭建火箭驾驶舱　　步骤 3　搭建火箭发射塔

📢 说一说

火箭的结构组成和特征是什么？火箭发射时，它旁边的高塔起到了什么作用？

案 例 24

# 国际空间站

国际空间站是目前在轨运行最大的空间平台，是一个拥有现代化科研设备、可开展大规模、多学科基础和应用科学研究的空间实验  室，为在微重力环境下开展科学实验研究提供了大量实验载荷和资源，支持人在地球轨道长期驻留。国际空间站项目由 16 个国家共同建造、运行和使用，是有史以来规模最大、耗时最长且涉及国家最多的空间国际合作项目。

## ★ 知识要点

### （1）国际空间站的结构

国际空间站总体设计采用桁架挂舱式结构，即以桁架为基本结构，增压舱和其它各种服务设施挂靠在桁架上，形成桁架挂舱式空间站。

（2）国际空间站的作用

　　组装成功后的国际空间站将作为科学研究和开发太空资源的手段，为人类提供一个长期在太空轨道上进行对地观测和天文观测的机会。

（3）太阳能阵列电池板

　　太阳能阵列电池板提供足够的电力供空间站系统和搭载的实验设备使用。当空间站处于太阳光照射中时，太阳能阵列产生的电能中约有 60% 用于向空间站的电池充电。当空间站处于暗处或者部分太阳能阵列处于背光侧时，充电电池将向空间站提供电能。

**想一想**

① 如何用乐高积木搭建出空间站的各个舱室？

② 如何将不同舱室进行对接？如何选择积木搭建太阳能电池阵列板？

③ 国际空间站的主要作用是什么？

## 搭建国际空间站

搭建国际空间站的步骤。

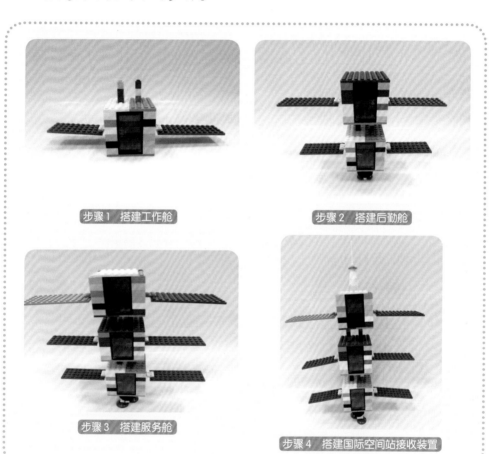

步骤1 搭建工作舱

步骤2 搭建后勤舱

步骤3 搭建服务舱

步骤4 搭建国际空间站接收装置

 说一说

国际空间站的结构组成部分都有哪些？太阳能电池阵列板的作用是什么？国际空间站的运行方式是怎样的？

# 案例 25

# 航天飞机

航天飞机是一种有人驾驶、可重复使用、往返于太空和地面之间的航天器。它既能像运载火箭那样把人造卫星等航天器送入太空，也能像载人飞船那样在轨道上运行，还能像滑翔机那样在大气层中滑翔着陆。

## 知识要点

### （1）航天飞机

航天飞机实际上是一个由轨道器、外贮箱和固体燃料助推火箭组成的往返航天器系统，但人们通常把其中的轨道器称作航天飞机。其结构主要由三大部分组成。

① 轨道飞行器：包括三副引擎火箭、驾驶员舱、乘务员舱和载货舱。

② 用作提供推进的外贮箱。

③ 火箭助推器：共有两枚，使用固体燃料。

（2）航天飞机的主要用途

　　航天飞机的主要用途是空间运输，卫星服务，星际观测，军事、地理观察及拍照。

💡 想一想

① 航天飞机的组成部分有哪些？
② 航天飞机的用途都有哪些？

🧱 搭建航天飞机

　　搭建航天飞机的步骤。

步骤 1　使用不同形状底板和积木块搭建机身

步骤 2　使用特殊的三角形底板和特殊尾翼积木搭建两翼和尾翼

步骤 3　使用锥形积木作为推进器搭建至主体后部

航天飞机是由哪些部分组成的？用途是什么？

案 例 26

# 古道茶香

紫砂壶是中国特有的手工制造陶土工艺品，其制作始于明朝正德年间，原产地为江苏宜兴丁蜀镇。

### 知识要点

① 紫砂壶是中国特有的手工制造陶土工艺品，制作原料为紫砂泥。

② 泡茶功效：茶香浓郁持久，保温时间长，提携抚握不易炙手，透气性能好但又不透水，并具有较强的吸附力。

### 想一想

① 喝茶对人体有什么好处？

② 简单了解茶文化。

搭建紫砂壶

搭建紫砂壶的步骤。

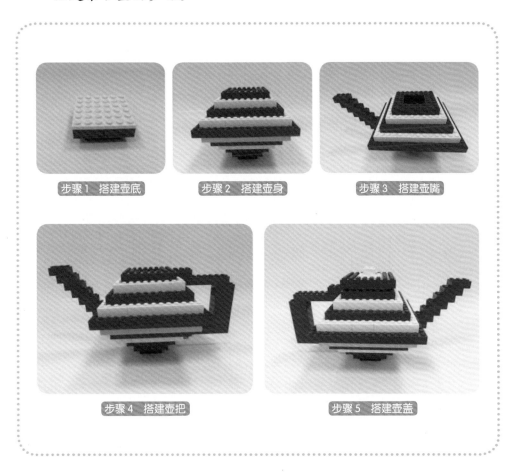

步骤1　搭建壶底　　　　步骤2　搭建壶身　　　　步骤3　搭建壶嘴

步骤4　搭建壶把　　　　　　　　步骤5　搭建壶盖

说一说

　　简要叙述一下紫砂壶的搭建结构、紫砂壶的起源以及泡茶功效吧！

## 案例 27

# 古塔遗风

大雁塔是一座佛塔,也是现存最早、规模最大的唐代四方楼阁式砖塔。它是古印度佛寺的建筑形式随佛教传入中原地区并融入华夏文化的典型物证,是凝聚了中国古代劳动人民智慧结晶的标志性建筑。

## ★ 知识要点

**(1)大雁塔的起源**

唐永徽三年(652年),玄奘法师为供奉从天竺带回的佛像、舍利和梵文经典,在长安慈恩寺的西塔院建造了一座五层砖塔,即大雁塔。后来加盖至九层,再后来层数和高度又有数次变更,固定为今天看到的七层塔身。

**(2)建筑格局**

大雁塔是砖仿木结构的四方形楼阁式塔,由塔基、塔身、塔刹三部分组成。

想一想

① 大雁塔在古代是用来做什么的？
② 大雁塔位于我国哪个城市？

搭建大雁塔

搭建大雁塔的步骤。

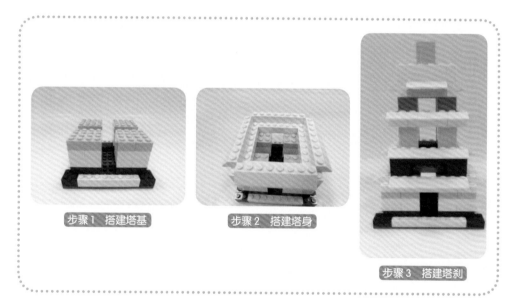

步骤 1　搭建塔基

步骤 2　搭建塔身

步骤 3　搭建塔刹

说一说

试着介绍大雁塔的结构、起源以及昔日典故。

案 例 28

# 埃菲尔铁塔

　　埃菲尔铁塔矗立在法国巴黎塞纳河南岸的战神广场，于 1889 年建成，当年还曾是世界上最高的建筑物。

　　埃菲尔铁塔是世界著名建筑、法国文化象征之一、巴黎城市地标之一、巴黎最高建筑物，被法国人赋予"铁娘子"的爱称。

⭐ 知识要点

（1）埃菲尔铁塔

　　埃菲尔铁塔总高 324 米，铁塔由很多分散的钢铁构件组成，看起来就像一堆模型的组件。其中一、二楼设有餐厅，三楼建有观景台。

（2）建筑地位

　　埃菲尔铁塔是世界工业革命的象征，是代表法国荣誉的纪念碑。

 想一想

① 埃菲尔铁塔的组成部分有哪些?

② 法国除了埃菲尔铁塔还有哪些著名建筑?

## 搭建埃菲尔铁塔

搭建埃菲尔铁塔的步骤。

步骤 1　搭建塔脚

步骤 2　搭建第一层平台

步骤 3　搭建第二层平台

步骤 4　搭建第三层平台

说一说

埃菲尔铁塔是由哪些部分组成的?它在建筑史上的地位是什么?

案 例 29

# 随风起舞

荷兰风车又称为荷兰式风车，它将利用风能产生的动力用于碾压谷物、烟叶、榨油、毛毡、造纸等。荷兰风车最早从德国引进，刚开始时仅用于磨粉之类的工作。

## ★ 知识要点

（1）"风车之国"荷兰

荷兰缺乏水力、动力资源，但风力资源优厚，因而被称为"风车之国"。

（2）风车发展

荷兰风车，最高的有好几层楼高，风翼长达 20 米。有的风车由整块大柞木做成。

（3）荷兰四宝

风车、郁金香、奶酪、木鞋被称作"荷兰四宝"。

想一想

① 荷兰风车的组成部分有哪些?
② 荷兰风车的用途有哪些?
③ 日常生活中,利用风力可以做什么?

搭建荷兰风车

搭建荷兰风车的步骤。

步骤1　搭建叶片

步骤2　搭建磨坊

步骤3　搭建塔房

步骤4　连接风车

说一说

　　荷兰风车是由哪些部分组成的?日常生活中,风有什么作用?荷兰四宝是哪四个?

案 例 30

# 伦敦塔桥

伦敦塔桥始建于 1886 年，1894 年 6 月 30 日对公众开放，将伦敦南北区连接成整体。伦敦塔桥是伦敦的象征，有"伦敦正门"之称。

## ★ 知识要点

### （1）伦敦塔桥简介

伦敦塔桥是一座吊桥，最初为一木桥，后改为石桥，如今是座拥有 6 条车道的水泥结构桥。伦敦塔桥下面的桥可以打开，河中的两座桥基上建有两座高耸的方形主塔，塔基和两岸用钢缆吊桥相连。

### （2）伦敦塔桥的主要用途

行人可以从桥上通过，饱览泰晤士河两岸的美丽风光；下层可供车辆通行。当河上有船只通过时，桥身慢慢分开，向上折起，船只过后，桥身慢慢落下，恢复车辆通行。桥塔内设楼梯上下，内设博物馆、展览厅、商店、酒吧等。

### 想一想

① 伦敦塔桥的组成部分有哪些?

② 除了伦敦塔桥,英国还有哪些著名建筑?

### 搭建伦敦塔桥

搭建伦敦塔桥的步骤。

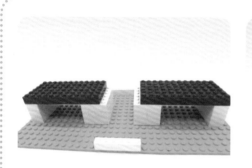

步骤 1　搭建桥台、桥墩并将它们连接起来

步骤 2　使用角缩进结构搭建塔楼楼顶

步骤 3　搭建双层桥身和悬索,两个桥梁下用积木加固

步骤 4　利用块的不完全连接搭建桥身

**步骤 5 利用斜面块的连接搭建弧形结构的悬索**

伦敦塔桥是由哪些部分组成的？可以用什么方法进行搭建？

案 例 **31**

# 春　节

春节是指农历新年，俗称"年节"，传统名称为新年、大年、新岁，口头上又称度岁、庆新岁、过年，是中华民族最隆重的传统佳节。

⭐ **知识要点**

（1）节日时间

① 小年：小年即农历腊月二十三日，小年期间的主要民俗活动有扫尘、祭灶等。

② 大年：从腊月最末一天开始，一直到正月三十或二月初二（龙抬头），统称为"大年"。北京地区从腊月初八（过了腊八就是年）直到农历二月初二（龙抬头），年才算过完。

（2）节日习俗

春节的节日习俗主要有扫尘、守岁、拜年、贴春联、贴窗花、年画、爆竹、看春晚、办年货。

## （3）年兽的传说

传说年是一种怪兽，有触角，非常凶猛。年长时间住在海里，每年到除夕之夜就要来到民间来找吃的，吃动物、伤害人。所以，每年到除夕这一天，人们为了躲年兽的危害，就带着家眷躲起来。时日一久，人们渐渐发现年兽害怕三样东西，即红色、火光和巨大的响声，于是后来的人们在除夕年兽将要到来的时候就会聚到一起，贴红纸（后来逐渐改为贴桃符或贴红对联）、挂红灯笼、放鞭炮等，目的就是为了赶走年兽。当年兽被赶走以后，人们总是会高兴地互道："又熬过一个年了。"

### 想一想

① 春节都有哪些风俗和称呼？
② 故事中很凶很凶的怪兽叫什么？
③ 为什么春节也叫过年？

### 搭建"春节"情景

搭建"春节"情景的步骤。

步骤1　搭建年兽

用红色和黄色基础积木块相结合搭建年兽，四肢、尾巴和毛发可以用逐层外扩的方式搭建。

步骤 2　搭建"福"字

步骤 3　搭建大门

步骤 4　搭建完成

用基础积木块搭建大门，可选择大红色或黄色积木块体现春节红火热闹的气氛，选择特殊积木来搭建灯笼和鞭炮。

说一说

春节是在哪一天？春节都有哪些习俗？

案 例 32

# 元宵节

元宵节，又称上元节、小正月、元夕或灯节，是春节之后的第一个重要节日，是中国亦是汉字文化圈地区和海外华人的传统节日之一。正月是农历的元月，古人称夜为"宵"，所以把一年中第一个月圆之夜正月十五称为元宵节。

⭐ 知识要点

（1）节日由来

农历正月十五是元宵节。又称上元节、元夜、灯节。元宵节至今仍是中国民间传统节日。

（2）节期节俗

元宵节的节期与节俗活动有灯节、舞龙、舞狮、跑旱船、踩高跷、扭秧歌等"百戏"内容，只是节期缩短为四到五天。

想一想

元宵节有哪些习俗？

搭建"元宵节"情景

搭建"元宵节"情景的步骤。

步骤1　搭建碗和汤圆

选择圆形特殊积木搭建碗和汤圆。

步骤2　搭建灯笼

选择基础积木以逐层递增和递减的方式搭建灯笼，灯笼下方的彩带可剪纸贴上，并写上一些祝福或灯谜。

选择基础红色积木块固定在积木的顶角凸点处，形成错落的鞭炮状

步骤 3　搭建鞭炮

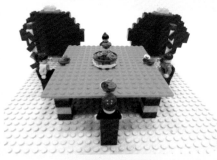

搭建桌椅，摆放人偶，完成完整的"元宵节"场景。

步骤 4　搭建完成

说一说

元宵节的由来是什么？元宵节都有哪些风俗？

案 例 33

# 母亲节

母亲节，是一个感谢母亲的节日。母亲们在这一天通常会收到礼物，康乃馨被视为献给母亲的花，而中国的母亲花是萱草花，又叫忘忧草。

## ⭐ 知识要点

### （1）传说故事

相传很久以前，熊岳城郊是一片海滩。海边有一户贫苦人家，只有母子二人相依为命。母亲为了供儿子读书辛苦劳作，儿子决心苦学成才报答母恩，于是儿子乘海船赴京赶考。许多年过去了，一直没有儿子的音讯。母亲很着急，天天到海边眺望。一年，两年，三年……母亲的头发都花白了，却不见儿子的身影。母亲一次又一次地对着大海呼唤："孩子呀，回来吧！娘想你，想你呀……"年迈的母亲倒下了，化成了一尊石像，也没有盼到儿子归来。

（2）颂母古诗

游子吟

【唐】孟 郊

慈母手中线，游子身上衣。
临行密密缝，意恐迟迟归。
谁言寸草心，报得三春晖！

**想一想**

① 母亲节应该送母亲什么样的礼物？我们可以帮母亲做哪些事情？

② 颂母古诗中表达了什么含义？

**搭建爱心花朵**

搭建爱心花朵的方式。

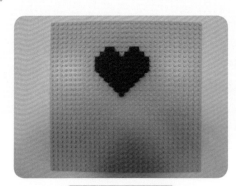

步骤1 搭建爱心花朵

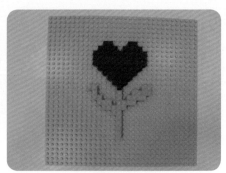

步骤2 搭建绿叶

步骤 3　搭建爱心

母亲节是哪一天？怎样表达对妈妈的爱？

案 例 34

# 中秋节

中秋节又称月夕、秋节、仲秋节、八月节、八月会、追月节、玩月节、拜月节、女儿节或团圆节，是流行于中国众多民族与汉字文化圈诸国的传统文化节日，时在农历八月十五。

⭐ 知识要点

（1）节日别称

中秋节有许多别称，因节期在八月十五，所以称"八月节"；因中秋节的活动都是围绕"月"进行的，所以又俗称"月节"；中秋节月亮圆满，象征团圆，因而又叫"团圆节"。

（2）风俗习惯

中秋节的风俗习惯有祭月、赏月、拜月、观潮、燃灯、猜谜、吃月饼、赏桂花、饮桂花酒、玩花灯、烧塔等。

（3）月相变化

　　中秋节的月亮圆又圆，你平时看到的月亮都是圆的吗？还看到过什么形状的月亮？基本的月相变化如图所示：新月→蛾眉月→上弦月→凸月→满月→凸月→下弦月→残月→新月。

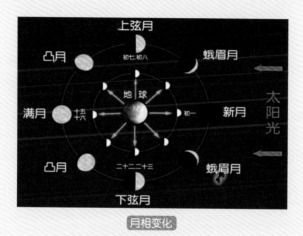

月相变化

想一想

①　中秋节有哪些由来？
②　中秋节有哪些习俗？

### 搭建中秋节场景

搭建中秋节场景的步骤。

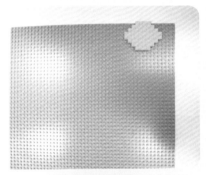

步骤1 搭建月亮

步骤2 搭建桂花树

中秋的月亮是满月，可选择黄色积木逐层递增和递减的方式搭建。选择深色积木搭建桂花树粗壮的树干，树干往上慢慢分出细枝，绿色积木代表树叶，装饰在细枝头，黄色星星点点的小积木代表桂花。可用与月亮搭建方法相同的方式搭建月饼，也可按个人喜好搭建不同形状的月饼。

说一说

中秋节有哪些月相变化？

案 例 35

# 万圣节

万圣节又叫诸圣节，在每年的
11 月 1 日，是西方的传统节日；而
万圣节前夜即 10 月 31 日是这个节
日最热闹的时刻。

⭐ 知识要点

### （1）万圣节的由来

万圣节是西方国家的传统节日。华语地区常将万圣夜误称为
万圣节。那一天，要组织各种充满"妖魔鬼怪"的活动。

### （2）南瓜灯的由来

南瓜灯源于古代爱尔兰。传说一个名叫杰克的醉汉很喜欢恶
作剧。在万圣节当日，他设圈套将魔鬼困在一棵树上，不许魔鬼
下来，直至魔鬼答应永远不让他下地狱。杰克死后，因他不相信神，
他不能进天堂，而魔鬼也不让他入地狱，为了协助杰克找到回人
间的路径，魔鬼给了他一块燃烧的炭，杰克将这燃烧的炭放在他
以大红萝卜雕刻成的一个灯笼内，这是第一个"杰克灯"，帮助

他寻找返回爱尔兰的路，但他从没找着，于是他永远带着灯笼流浪人间。1840 年，随着新移民来到美洲大陆，他们发现比萝卜更好的材料，那就是南瓜。因此，现在我们看到的杰克灯通常是南瓜做的了。

💡 想一想

① 万圣节的由来是什么？
② 南瓜灯的由来是什么？

 搭建万圣节场景

搭建万圣节场景的步骤。

步骤 1 选择合适的积木搭建鬼脸并设计鬼脸的表情

步骤 2 选择基础积木和斜面砖结合搭建糖果

步骤 3 选择橙色积木搭建南瓜

📢 说一说

万圣节是哪一天？万圣节有什么习俗？

案 例 36

# 圣诞节

圣诞节又称耶诞节、耶稣诞辰，是西方传统节日，起源于基督教，日期是每年 12 月 25 日。

## 知识要点

（1）圣诞节的起源

圣诞节源自古罗马人迎接新年的农神节，与基督教本无关系。在基督教盛行罗马帝国后，教廷随波逐流地将这种民俗节日纳入基督教体系，同时以庆祝耶稣的降生。但在圣诞节这天不是耶稣的生辰，因为《圣经》中从未提及耶稣出生在这一天，甚至很多历史学家认为耶稣是出生在春天。

（2）圣诞节的习俗标志

圣诞节的习俗标志有圣诞老人、圣诞卡、圣诞袜、圣诞帽、圣诞树、圣诞节橱窗等。

💡 想一想

① 圣诞节的起源是什么？
② 圣诞节的习俗是什么？

🧱 搭建圣诞节场景

搭建圣诞节场景包括圣诞树、驯鹿拉雪橇、圣诞袜、礼物盒、圣诞小屋的搭建。

步骤1 搭建圣诞树

圣诞树底部宽大，顶部尖尖的，可选择绿色基础积木层层搭建，选择特殊积木块做装饰。

　　用基础积木搭出驯鹿的四肢、身体和头部，用特殊积木装饰眼睛，用角缩进的方法搭出鹿角；雪橇能在雪上滑行，底部用基础积木做成滑雪板的样子，逐层堆砌成中间有空间的长方形车子，用薄片与基础积木块结合连接车与驯鹿。

步骤 2　搭建驯鹿拉雪橇

　　用红白相间的积木块搭建圣诞袜。选择鲜艳的积木块做彩带和礼物盒，先在薄片上搭建十字架状彩带，再搭建礼物盒，呈现彩带内嵌的状态。

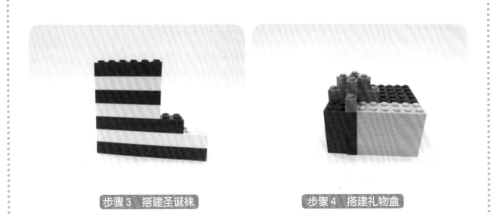

步骤 3　搭建圣诞袜　　　　　　　　　步骤 4　搭建礼物盒

选择颜色鲜艳的积木搭建圣诞小屋，选择基础积木块搭建门、窗、房顶、烟囱和房顶堆积的皑皑白雪。

步骤5 搭建房屋

步骤6 将各部分组合在一起

说一说

圣诞节是哪一天？在圣诞节人们通常会做什么呢？

策划编辑：蔡　喆　李丽嘉
封面设计：欣怡文化

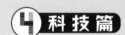

上架建议：游戏益智

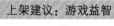
ISBN 978-7-5124-3218-5

北航科技图书　　北航出版社　　雷叔带你玩乐高

9 787512 432185 >

定价：35.00元